SITZUNGSBERICHTE DER SÄCHSISCHEN AKADEMIE
DER WISSENSCHAFTEN ZU LEIPZIG

Mathematisch-naturwissenschaftliche Klasse
Band 113 · Heft 2

HERBERT BECKERT

BEMERKUNGEN ZUR THEORIE DER STABILITÄT

AKADEMIE-VERLAG · BERLIN
1977

SITZUNGSBERICHTE DER SÄCHSISCHEN AKADEMIE
DER WISSENSCHAFTEN ZU LEIPZIG

Mathematisch-naturwissenschaftliche Klasse
Band 113 · Heft 2

HERBERT BECKERT

BEMERKUNGEN ZUR THEORIE DER STABILITÄT

AKADEMIE-VERLAG · BERLIN
1977

Vorgetragen in der Sitzung am 14. Januar 1977
Manuskript eingeliefert am 18. Februar 1977
Druckfertig erklärt am 20. Juli 1977

Erschienen im Akademie-Verlag, 108 Berlin, Leipziger Straße 3–4

Lizenznummer: 202 · 100/570/77
Gesamtherstellung: VEB Druckhaus „Maxim Gorki", 74 Altenburg
Bestellnummer: 762 536 6 (2027/113/2) · LSV 1035
Printed in GDR
DDR 2,50 M

Die Bedeutung des Stabilitätsbegriffs für Naturwissenschaft, Technik und Erkenntnistheorie kann nicht hoch genug eingeschätzt werden. Trotz des ständigen Flusses im Ablauf des Naturgeschehens und der gegenseitigen Wechselwirkungen ist es uns in mannigfacher Weise möglich, Erscheinungen zu erkennen, die über einen mehr oder weniger langen Zeitraum hinweg konstantes Verhalten zeigen, die also gegenüber den beständig wirkenden äußeren Einflüssen stabil sind. Natürlich gilt diese Stabilität stets nur angenähert. Ihr Erscheinungsbild wird mit bestimmt durch das Spektrum und die Unschärfe unserer Wahrnehmungen in Raum und Zeit. Ein fester Körper, eine ruhende Flüssigkeit sind nur scheinbar in absoluter Ruhe, sondern vielmehr in einem beständigen irreversiblen Kontaktaustausch von Energie, Impuls und Entropie mit ihrer Umgebung. Makrophysikalisch mag der Ruhezustand eines ruhenden, festen Körpers eine stabile Phase darstellen, mikrophysikalisch kann keine Rede hiervon sein. Ohne den Wahrnehmungsinhalt stabiler Erscheinungen würde sich uns die Welt in ein totales Wirrwarr auflösen, die uns umgebenden Strukturen würden zerfließen. Die Entdeckung von Zusammenhängen im Naturablauf hin bis zur exakten Naturbeschreibung durch Projektion auf einfache die wesentlichsten Züge eines Anschauungsinhaltes erfassenden abstrakten Modelle setzt ohne Zweifel die Wahrnehmung stabiler Erscheinungen voraus. Hierzu sind einmal stabil im genannten Sinn ablaufende Vorgänge in unserer Außenwelt notwendig, wie auch umgekehrt die in den höheren Lebewesen mehr oder weniger gut entwickelte stabile Steuerbarkeit des Wahrnehmungsprozesses selbst erforderlich. Dieser Zusammenhang besteht unabhängig davon, daß stabile Vorgänge oder Zustände im natürlichen Ablauf nur entlang eines mehr oder weniger kurzen Zeitraums dominieren können, und die Unschärfe unserer Sinne erst ihr Erkennen begünstigt. Nur über die Mathematik können wir zu einer strengen begrifflichen und quantitativen Erfassung des Stabilitätsbegriffs gelangen, die über das geläufige rein qualitative Erscheinungsbild hinausführt.

Die beherrschende Stellung der Stabilität in der Naturwissenschaft steht der in der modernen Technik in nichts nach. Das gilt insbesondere für den

Maschinen-, und Fahrzeugbau, das Bauwesen wie für chemische und elektronische Betriebsabläufe. Die immer größer oder auch kleiner energetisch und räumlich dimensionierten technischen Prozesse und Konstruktionen stellen immer höhere Anforderungen an Material und Aufbau zur Sicherung bestmöglicher Stabilität aber auch zu einer intensiveren mathematischen Durchdringung zum Zwecke der optimalen Steuerung der Stabilität und Ermittlung der Stabilitätsgrenzen. Die mathematische Forschung im Bereich der Stabilitätstheorie umfaßt ein weites Feld und läßt sich nahezu bis in die Anfänge der modernen Mathematik zurückverfolgen. Da die makrophysikalischen Vorgänge in der Mathematik im wesentlichen durch die Lösungen gewisser Anfangs-, Rand- und Eigenwertaufgaben von Differentialgleichungen beschrieben werden, spiegeln sich naturgemäß Stabilitätsphänomene in entsprechende Lösungseigenschaften dieser Gleichungen wider. Nach der Erfindung der Differential- und Integralrechnung und der Differentialgleichungen durch NEWTON und LEIBNIZ bildete die Mechanik von Massenpunkten über einen längeren Zeitraum das naheliegende Hauptanwendungsfeld der rasch aufblühenden Mathematik über NEWTON, den Begründer der theoretischen Mechanik, über LEIBNIZ, BERNOULLI, LAPLACE, D'ALEMBERT, EULER bis zur Vollendung der klassischen Punktmechanik durch LAGRANGE, HAMILTON und JACOBI. Deshalb bezogen sich in dieser Zeit Stabilitätsuntersuchungen im wesentlichen auf gewöhnliche Differentialgleichungen. Die Forschungen auf diesem Gebiet sind bei weitem nicht abgeschlossen, ein breites Anwendungsfeld ist in unserer Zeit durch die Elektronik entstanden.

Ist $y_i^0(t)$, $i = 1, 2, \ldots, n$, eine Lösungskurve des Systems gewöhnlicher Differentialgleichungen

$$y_i' = f_i(t, y_j), \qquad i = 1, 2, \ldots, n, \tag{1}$$

welche zur Zeit $t = t_0$ durch den Anfangspunkt $y_i^0(t_0)$ läuft, dann heißt die Kurve $y^0(t)$ *stabil im Sinn von* LJAPUNOW, wenn für $t > 0$ sich für jedes $\varepsilon > 0$ ein $\eta(\varepsilon) > 0$ derart angeben läßt, daß für $t > 0$ jede weitere Lösung $y_j(t)$ des Systems die Ungleichung (1)

$$|y_i(t) - y_i^0(t)| < \varepsilon, \qquad i = 1, 2, \ldots, n, \tag{2}$$

erfüllt, sofern die Anfangswerte $y_i(t_0)$ die Ungleichung

$$|y_i(t_0) - y_i^0(t_0)| < \eta(\varepsilon) \tag{3}$$

befriedigen. Diese Stabilitätsdefinition reicht für viele Anwendungen aus. Auf die mathematischen Verfeinerungen dieses Stabilitätsbegriffs gehen wir in diesem Zusammenhang nicht ein.

Führt man die Transformation

$$z_i(t) = y_i(t) - y_i^0(t) \tag{4}$$

durch und gilt, wenn wir der Einfachheit halber die rechten Seiten von (1) wieder mit $f_i(t, z)$ bezeichnen

$$f_i(t, z) = \sum_{j=1}^{n} a_{i,j} z_j + F_i(t, z_j) \tag{5}$$

$$|F_i(t, z)| \leqq M \sum_{j=1}^{n} |z_j|^{1+\alpha}, \quad \alpha > 1,$$

mit Konstanten (von t unabhängigen) $a_{i,j}$, wobei die Wurzeln λ_i der Gleichung

$$\det |a_{i,j} - \delta_{ij}\lambda| = 0, \qquad \delta_{ij} = \begin{cases} 1 & \text{für} \quad i = j, \\ 0 & \text{für} \quad i \neq j, \end{cases} \tag{6}$$

negative Realteile haben, dann liegt Stabilität im obigen Sinn vor, hat dagegen lediglich eine der Wurzeln einen positiven Realteil, so ist die Ausgangskurve instabil, d. h. (2) nicht erfüllt. Die LJAPUNOWsche Stabilitätsdefinition kommt der anschaulichen Bedingung nach, daß die Lösungen zu (1) für alle Zeiten innerhalb eines beliebig dünnen Schlauches um die Zentralkurve $y_i^0(t)$ bleiben, wenn die Anfangswerte hinreichend wenig von den Anfangsdaten $y_i^0(t_0)$ abweichen. Eine kleine Störung: $z_i + \varepsilon\xi_i(t)$, $0 < \varepsilon \ll 1$, der Gleichgewichtslösung führt nach (5) und Vernachlässigung höherer Glieder in ε auf das lineare System

$$\frac{\mathrm{d}\xi_i}{\mathrm{d}t} = \sum_j a_{i,j}\xi_j .$$

Aus der Stabilitätsbedingung (6) folgt hieraus sofort nach bekannten Sätzen $\lim \xi(t) \to 0$ für $t \to \infty$, d. h., jede kleine Störung klingt im Laufe der Zeit wieder ab. Diese Lösungseigenschaft definiert die dynamische Stabilität und kommt der anschaulichen Vorstellung über einen stabilen dynamischen Vorgang weitgehend entgegen. Stetige Abhängigkeit der Lösungen von den Anfangswerten $y_i^0(t_0)$ bedeutet wesentlich weniger als Stabilität, bei ihr gilt die Ungleichung (2) bei (3) nur für hinreichend kleine Zeiten $t_0 \leqq t \leqq T(\varepsilon, \eta)$. Man kann das LJAPUNOWsche Kriterium funktionalanalytisch verallgemeinern. Bezeichnet B einen BANACH-Raum (vollständig, normiert und linear) und $z(t)$ eine Kurve in B, die den zeitlichen Verlauf eines Prozesses definiere, und der Operatordifferentialgleichung über B: $z'(t) = f(\nu, z(t))$, ν bedeutet einen Parameter, genügen soll. Ist z_0 eine Gleichgewichtslösung im Parameterpunkt ν_0, d. h. $f(\nu_0, z_0) = 0$, dann können wir wie oben den gestörten Prozeß

$z(t) = z_0 + \varepsilon h(t)$ einführen. Mit der FRÉCHETschen Ableitung $f_z(\nu_0, z_0)$ in ν_0, z_0 erhalten wir die lineare Operatordifferentialgleichung

$$h'(t) = f_z(\nu_0, z_0)\, h(t) \qquad \text{über } B.$$

Der Ansatz $h(t) = (\exp \lambda t)\, u$ führt auf das Eigenwertproblem

$$\lambda u = f_z(\nu_0, z_0)\, u .$$

Besitzt letzteres nur Eigenwerte λ mit $\operatorname{Re} \lambda < 0$, dann heißt z_0 *stabil*, ist dagegen mindestens ein Eigenwert vorhanden mit $\operatorname{Re} \lambda > 0$, so heißt z_0 in Übereinstimmung mit unseren früheren Bemerkungen *instabil*. Man kann das stationäre Verzweigungsproblem $f(\nu, z) = 0$ in ν_0, z_0 studieren und das Stabilitätsverhalten der zugehörigen Verzweigungslösungen nach dem letzten Kriterium untersuchen, vgl. [45, 34].

Für viele Zwecke ist auf DIRICHLET zurückgehendes, von LJAPUNOW weiter verallgemeinertes, hinreichendes Stabilitätskriterium nützlich. Es lautet: Existiert ein zu (1) gehöriges von t unabhängiges Integral $V(z_i)$, d. h. gilt

$$\sum_{j=1}^{n} \frac{\partial V}{\partial z_j} f_j(z_i) = 0, \tag{7}$$

welches für $z_i = 0$ ein relatives Minimum im strengen Sinn besitzt: $V(z) > V(0)$, dann ist die Gleichgewichtslösung $z = 0$ stabil im Sinne von (2), (3). Mittels der zwei genannten Kriterien kann man eine große Zahl von Stabilitätsproblemen der technischen Mechanik und Elektronik lösen. Es ist bemerkenswert, daß in dem wichtigen Fall der Punktmechanik bei konservativen Systemen die HAMILTON-Funktion als ein Integral der kanonischen Bewegungsgleichungen selbst als DIRICHLET-LJAPUNOW-Funktion $V(z)$ dienen kann. Im Gleichgewichtsfall nach (4) reicht es für Stabilität im Sinne des letzten DIRICHLETschen Kriteriums

$$H(z') > H(0), \qquad z' = z_1, \dots, z_n, \tag{8}$$

aus, daß in der mit quadratischen Gliedern beginnenden Entwicklung von $H(z)$ nach den kanonisch konjugierten Phasengrößen die quadratische Form der Anfangsglieder positiv definit ist, [33]. Bemerkenswerterweise ist dann auch das LJAPUNOWsche Kriterium für das HAMILTONsche Differentialgleichungssystem erfüllt.

Unter (8) wird eine stabile Bewegung des dynamischen Systems auf einer zumindest im lokalen Sinn energetisch minimalsten Phasenbahn definiert.

Dieser Fall von Stabilität liegt offenbar auch bei allgemeineren Systemen vor, wenn längs jeder Bahnkurve die Energie konstant bleibt, und ist deshalb in Anbetracht des Energiesatzes von besonderer Wichtigkeit. Das DIRICHLET-LJAPUNOWsche Kriterium bringt die Stabilität einer Bahnkurve eines dynamischen Systems in engem Zusammenhang mit gewissen Extremaleigenschaften dieser Bahnkurve innerhalb einer kleinen Umgebung. Wir werden im Folgenden zeigen, daß in der weit überwiegenden Zahl der Fälle dieser enge Zusammenhang zwischen Stabilität und Extremalität charakteristisch ist.

DIRICHLET, einer der drei Großen des berühmten Göttinger Dreigestirns GAUSS, DIRICHLET, RIEMANN, ist durch ein bedeutungsvolles Ereignis mit der geschichtlichen Entwicklung der Mechanik eng verbunden. Im Jahre 1858 erzählte DIRICHLET seinem Kollegen KRONECKER, er habe eine neue Methode zur Lösung der Differentialgleichungen der Mechanik gefunden, die sich einer stufenweisen Annäherung an die Lösung des jeweiligen Problems bediene, es sei ihm auch der Beweis für die Stabilität unseres Planetensystems gelungen. Leider starb DIRICHLET bald nach diesem Gespräch und hinterließ keine Aufzeichnungen über seine neue Theorie [33]. Auf Anregung des Mathematikers MITTAG-LEFFLER stiftete der norwegisch-schwedische König einen Preis für die Lösung des n-Körperproblems. Obwohl der großen französische Mathematiker POINCARÉ beide Probleme nicht lösen konnte, erhielt er mit Recht den Preis zuerkannt, da er in seiner Arbeit eine Fülle ganz neuer Ideen in die mathematische Behandung mechanischer Probleme einführte, die weite Gebiete der Mathematik selbst stark befruchteten. Trotz der enormen Entwicklung der Mathematik seither in Tiefe und Breite und der scharfsinnigen Suche nach der unbekannten Methode DIRICHLETS ist die Stabilität unseres Planetensystems bis heute noch nicht bewiesen worden. Die bisherigen sich auf gewöhnliche Differentialgleichungen beziehenden Modelle beschrieben die Stabilität einer Phasenkurve in einem durch den jeweiligen Problemtyp definierten Phasenraum. Sie charakterisierten die dynamische Stabilität.

Wir wenden uns nunmehr der statischen Stabilität zu. Sie beinhaltet die Stabilität von Gleichgewichtszuständen und eröffnet ein weites Anwendungsfeld für die Theorie partieller Differentialgleichungen. Eine strenge mathematische Theorie über Gleichgewichtszustände, die Instabilitäten einschließt, muß notwendig nichtlinear sein, da im linearen Bereich keine Mehrdeutigkeiten durch Verzweigung der Lösungen auftreten können. Anschauliche Beispiele, die für diesen Problemkreis charakteristisch sind, ergeben sich aus der Kontinuumsmechanik bei der mathematischen Darstellung der Phänomene des Kippens und Knickens von Stäben und Balken, des Ausbeulens von Platten und Schalen.

Bezeichnet Z_0 einen stabilen Gleichgewichtszustand eines elastischen Körpers im potentiellen Energieniveau $\Phi_0 = U_0 - A_0$, U_0 = innere Energie des Elastikums, A_0 = Arbeit der äußeren Kräfte und $\delta u(x, t)$, $\frac{\partial}{\partial t} \delta u(x, 0) = 0$, eine mit den äußeren Bedingungen verträgliche Verschiebung aus dieser Lage in Nachbarzustände Z_t: $\Phi_t = U_t - A_t$, dann ergibt der Energiesatz

$$T_t + \Phi_t = T_0 + \Phi_0 \to U_t - U_0 - (A_t - A_0) = T_0 - T_t,$$

und hieraus folgt die wichtige Stabilitätsbedingung von TREFFTZ

$$U_t - U_0 > A_t - A_0 \tag{9}$$

für den stabilen Gleichgewichtszustand Z_0, [43]. Aus $T_0 = 0$ folgt nämlich bei (9) notwendigerweise auch $T_t = 0$. Eine Bewegung aus der Gleichgewichtslage Z_0, d. h. Instabilität, ist offenbar nur bei

$$U_t - U_0 < A_t - A_0 \tag{10}$$

möglich. Da in der Bedingung (9) die linearen Terme beiderseits übereinstimmen müssen, weil ihr Beitrag in der Entwicklung nach den Verschiebungsgrößen gegenüber den Gliedern höherer Ordnung überwiegt, wird der stabile Gleichgewichtszustand Z_0 durch die Lösungen des Variationsproblems

$$\Phi_0 = U_0 - A_0 \to \text{Min} \tag{11}$$

über dem zulässigen Funktionenbereich beschrieben. Denn nach der letzten Bemerkung verschwindet die erste Variation von (11), und die zweite Variation ist nach (9) wesentlich positiv. (11) ist regulär und erreicht ein lokales Minimum im stabilen Zustand, [8]. Umgekehrt erfüllen nach der bekannten lokalen Existenztheorie regulärer Variationsprobleme die Lösungen von (11) das Kriterium der Stabilität in dem Sinn, daß bei hinreichend kleinen Variationen der äußeren Datenvorgaben die zugehörigen eindeutig bestimmten Extremalen ganz innerhalb einer vorher vorgegebenen Umgebung der Ausgangslösung verbleiben [7]. Die genannten Instabilitäten, wie Ausbeulen, Knicken und Kippen treten an der Grenze des Stabilitätsbereiches ein, bei stetigen Anwachsen der äußeren Kräfte für einen kritischen Wert. Die zweite Variation von (11) verschwindet hier für gewisse „gefährliche Verschiebungen". Von letzteren gehen Lösungsverzweigungen eines nichtlinearen Eigenwertproblems aus, die den genannten Kipp- bzw. Beulphänomenen entsprechen. Wieviele Lösungsverzweigungen im einzelnen beim Überschreiten der Stabilitätsgrenze auftreten, ist ein ungelöstes Problem. Mein Mitarbeiter E. MIERSEMANN hat in jüngster Zeit das Beulungsproblem mehrfach zusammenhängender Platten gelöst und mit Hilfe einer neuen Theorie, der Verzweigung von Lösungen nichtlinearer Variationsungleichungen [27, 28], erstmals u. a. den Fall der Ausbeulung wechselseitig gestützter Platten streng mathematisch behandeln können.

Interessante Probleme ergeben sich bei der Steuerung der Stabilität. Man kann — wir illustrieren dies am anschaulichen Beispiel einer Platte oder auch Schale — die Stabilität einer Platte oder Schale von einem beliebig kleinen Randteil aus optimal steuern, insbesondere allein von dort die Stabilität des Systems beliebig groß aber auch beliebig klein machen [5, 6].

Im Rahmen einer kürzlich von mir aufgestellten, neuen nichtlinearen Elastizitätstheorie besteht ebenfalls die Möglichkeit, die Stabilität allgemeiner elastischer Körper in der beschriebenen Weise entlang großer Deformationen optimal zu steuern, [1, 2, 5]. Die hier genannte TREFFTZsche energetische Stabilitätstheorie wird nicht allen Fragestellungen der Mechanik und insbesondere Anforderungen der Technik gerecht, obwohl ihr mathematischer Hintergrund eine wesentlich über die genannten Beispiele aus der Mechanik der Kontinua hinausführende Bedeutung für die Stabilitätstheorie schlechthin besitzt. Häufig ist bei technischen Anwendungen der dynamische Stabilitätsbegriff angemessener, der Stabilität daran mißt, ob hinreichend kleine äußere Störungen des Systems in vorher vorgegebenen kleinen Grenzen bleiben. Dabei ist es auch hier, wie bei der statischen Betrachtung von erheblich praktischer Bedeutung, die Stabilität zu steuern, d. h. die genannten Wirkungen möglichst klein zu halten, wie wir es etwa am ruhigen Lauf eines Omnibusses oder großer Maschinenaggregate beobachten können. Man kann im Bereich der genannten dynamischen Stabilitätstheorie der nichtlinearen Kontinuumsmechanik eine geeignete Verallgemeinerung des DIRICHLET-LJAPUNOWschen Kriteriums anwenden, [23, 24, 46].

Um dies am Beispiel des nichtlinearen Variationsproblems (11) zu skizzieren, sei, bezogen auf ein festes Koordinatensystem, der Zustand Z_0 durch den Verschiebungsvektor $u_0(x)$ über einem Funktionalraum B bestimmt, und Z_1 ein weiterer Gleichgewichtszustand mit $u_1(x)$ innerhalb einer kleinen Umgebung U_δ von u_0

$$U_\delta \ : \|u_1 - u_0\| < \delta \subset B. \tag{12}$$

Die Lösung $u_1(x)$ von (11) heißt *dynamisch stabil*, wenn für jede oben genannte, zulässige Verschiebung $\delta u(x, t)$ für $Z_0 \to Z_t$ zu einer beliebig vorgegebenen Zahl $\varepsilon > 0$ eine Zahl $\delta > 0$ existiert, daß unter der Bedingung (12) stets

$$\|u_1 - \big(u_0 + \delta u(x, t)\big)\| < \varepsilon \tag{13}$$

erfüllt bleibt. Es ist klar, daß diese Stabilitätsdefinition wesentlich von der Wahl des Raumes B abhängt in dem Sinn, daß der betrachtete Deformationszustand Z_1 sich bzgl. einer Metrik stabil, gegenüber einer anderen instabil verhalten kann.

In Frage für B kommen in den betrachteten Fällen vor allem der HILBERT-Raum $H_{1,2}$ aller quadratisch absolut integrablen Vektorfunktionen mit quadratisch integrierbaren ersten Ableitungen, sowie der BANACH-Raum C^1 aller stetig differenzierbaren Vektorfunktionen mit der üblichen Norm. Legt man in der statischen Stabilitätstheorie den BANACH-Raum C^1 zugrunde, dann entsprechen stabile Zustände schwachen lokalen Minima von (11). Ein starkes Minimum im Sinne der Variationsrechnung liegt vor, wenn der Umgebungsbegriff des BANACH-Raums C^0 der stetigen Funktionen zugrundegelegt wird. Da dann die Spannungen nicht eingegrenzt werden, sind starke Minima von (11) zur Definition der Stabilität zu einschränkend. Zur Sicherung der dynamischen Stabilität ist es nach [46] hinreichend, über einer kleinen Umgebung U_δ in (12) die Existenz eines über B beschränkten in t nicht wachsenden LJAPUNOW-Funktionals $V(u_1, u_0 + \delta\, u(x, t))$ nachzuweisen, $\frac{dV}{dt} \leqq 0$, das zusätzlich die Definititätseigenschaft

$$V(u_1, u_0 + \delta u) \geqq \alpha \, \|u_1 - (u_0 + \delta u)\|^2,$$

$\alpha > 0$, besitzt. Bei dem in (11) vorliegenden Fall eines konservativen mechanischen Systems definiert auf Grund des Energiesatzes die Gesamtenergie ein geeignetes LJAPUNOW-Funktional. Im Bereich mechanisch thermodynamischer Probleme, denen wir uns jetzt zuwenden, bildet bei isolierten Systemen offenbar die negative Entropie die Grundlage zur effektiven Konstruktion eines geeigneten LJAPUNOW-Funktionals. Für diese und auch allgemeinere Beispiele vgl. [23, 24, 46].

Bei den bisher ins Auge gefaßten mechanischen Stabilitätsproblemen kommt man mit dem Energiesatz aus. Das reicht nicht mehr zur mathematischen Beschreibung von Stabilitätsphänomenen in Flüssigkeiten, Gasen, Mehrphasensystemen und bei chemischen Reaktionen. Hier spielt der zweite Hauptsatz eine entscheidende Rolle. Nach der bereits von GIBBS begründeten Stabilitätstheorie des thermodynamischen Gleichgewichts werden stabile Zustände durch strenge Maxima der Entropie oder Minima der bekannten thermodynamischen Potentiale, Energie, Enthalpie und freie Energie charakterisiert, je nachdem, welche der zwei Zustandsveränderlichen Volumen, Druck, Temperatur, Entropie oder Energie festgehalten werden. Das Massenwirkungsgesetz miteinander reagierender Gemische ist bekanntlich eine unmittelbare Folgerung eines dieser Extremalprinzipien. Die mathematische Beschreibung der genannten Probleme des thermodynamischen Gleichgewichts basiert auf der klassischen Maxima- und Minimarechnung mit Nebenbedingungen, während die Gleichgewichtsprobleme der Mechanik auf nichtlineare Variations- und Eigenwertprobleme führen. Es besteht trotz dieser Unterschiede zwischen den beiden Problemtypen Gemeinsamkeit darin, daß die genannten Gleichgewichtszustände — und das ließe sich auch noch auf andere Fälle ausdehnen — durch Extremalprobleme beschrieben werden, d. h. einem optimalen mathematischen Sachverhalt entsprechen. So spiegelt sich Stabilität auf der einen in Optimalität auf der anderen Seite. Von dieser Sicht ist es verständlich, daß so viele Naturerscheinungen durch Lösungen von Variationsproblemen direkt oder über einen komplexen mathematischen Zusammenhang hinweg beschrieben werden. Die Stabilität des Systems ist eine unmittelbare Folge der absoluten oder schwächer lokalen Extremaleigenschaft des zu maximierenden oder zu minimierenden Funktionals, während Instabilität genau am Grenzbereich dieser Bedingung eintritt. Im allgemeinen können in komplizierten Systemen der Mechanik, aber auch Thermodynamik mehrere Extremwerte auftreten, die unterschiedliche Niveaus für die Stabilität des Systems definieren; diese werden durch Instabilitätsbereiche voneinander getrennt. Bei in Energieaustausch befindlichen energetischen Systemen ist bekanntlich das niedrigste Energieniveau das stabilste, welches das System mit Notwendigkeit nach einiger Zeit einnimmt.

Die ungeheure Zahl der unter extremalen Bedingungen ablaufenden Erscheinungen, die Tatsache, daß sich die Natur in der überwiegenden Zahl der Fälle im biologischen Bereich optimaler Prozeßablaufe bedient, steht in einem direkten Zusammenhang mit der Immanenz des Phänomens Stabilität in unserer realen Umwelt.

In den zahlreichen Extremalprinzipien der Naturwissenschaft hat man häufig ein Anzeichen für den teleologischen Ablauf des durch sie beschriebenen Naturablaufs gesehen. So wählt anscheinend die Natur nach dem HAMILTONschen Prinzip aus der Fülle der möglichen Bewegungen genau diejenige aus, die ihr Ziel mit dem geringsten Aufwand an Wirkung erreicht. Noch stärker in diese Richtung weist das schon von FERMAT postulierte Prinzip der kürzesten Lichtzeit, wonach das Licht in beliebigen inhomogenen Medien denjenigen zwei vorgegebenen Punkte P_1, P_2 verbindenden Lichtweg wählt, bei welchem es in kürzester Zeit von P_1 nach P_2 gelangt. Sicher ist der Hinweis interessant, daß bereits HERON von Alexandria um 130 in kühner Weitsicht die Reflexion des Lichts unter Zugrundelegung dieses Prinzips richtig beschrieben hat. Dieses Beispiel zeigt wie tief die Begriffe vom Maximum und Minimum einer Gesamtheit und von der Optimalität eines Vorgangs in der menschlichen Vorstellung Wurzeln geschlagen haben. Selbst der geniale Mathematiker B. RIEMANN sah im vorigen Jahrhundert beim Beweis des nach ihn benannten Hauptsatzes der konformen Abbildung, wonach man ein beliebiges einfach zusammenhängendes Gebiet in der Ebene eineindeutig und winkeltreu auf das Innere des Einheitskreises abbilden kann, keinen Grund, an der Existenz von Lösungen des sogenannten DIRICHLETschen Variationsprinzips, die er anscheinend für selbstverständlich hielt, zu zweifeln. Der Glaube an die Vernünftigkeit und Zweckdienlichkeit von Extremalkriterien beschränkt sich nicht allein auf die Mathematiker sondern geht quer durch alle Wissenschaften und berührt alle Formen der menschlichen Existenz. An einem optimalen Ablauf glauben wir zugleich dessen Harmonie, Folgerichtigkeit und Schönheit zu erkennen.

Das vielfältige Auftreten von Extremalprinzipien wird nicht durch teleologische Wirkungen im Ablauf der Elementarereignisse im Sinne der älteren Vorstellungen von MAUPERTUIS und auch LEIBNIZ bestimmt, sondern wie wir bemerkten, vor allen Dingen durch das Phänomen Stabilität und dessen Relation zur Extremalität bei Abbildung der realen Umwelt auf die Mathematik. Hinzu tritt noch die logische Potenz, die eine Extremalbedingung innerhalb der Mathematik darstellt. Sie erzwingt harmonische Lösungseigenschaften zur Darstellung der Gesetzmäßigkeiten des natürlichen Ablaufs. Nach unseren Kenntnissen über weite Klassen von Differentialgleichungen besitzen die in der mathematischen Physik wirklich auftretenden besonders weitreichende und schöne Lösungseigenschaften, während das Lösungsverhalten der überwiegenden Zahl der nicht in den Anwendungen vorkommenden Differentialgleichungen äußerst kompliziert und schwer in allgemeingültige Regeln faßbar ist. Die Elementarvorgänge einer Welt von ähnlicher Komplexität mit anderen physikalischen Gesetzen wie in der unseren ließe sich nicht einfacher und durchsichtiger mittels Differentialgleichungen beschreiben. Von dieser allgemeineren Sicht aus erscheint auch das Phänomen der makrophysikalischen Stabilität durchaus nicht selbstverständlich, sondern ist letztlich Konsequenz äußerst zweckmäßiger Naturgesetze. In einem so eingeschränkten Sinn gewinnt die berühmte LEIBNIZsche These an Überzeugungskraft, und die Variationsprinzipien der mathematischen Physik erscheinen von diesem allgemeineren Standpunkt in einem neuen, zweckorientierten Licht.

Bisher haben wir Stabilitätserscheinungen der Makrophysik betrachtet. Eine neue Einsicht wird uns durch die statistische Physik mikrophysikalischer Erscheinungen eröffnet. Der thermodynamische Gleichgewichtszustand, makrophysikalisch durch einen Extremwert eines thermodynamischen Potentials charakterisiert, wird hier zum Zustand extrem hoher Wahrscheinlichkeit, berechnet nach einer besonderen Abzählvorschrift für die unter den gegebenen globalen Randbedingungen denkmöglichen Einzelzustände, besser Mikrozustände, des Systems. Zwar entspricht auch jetzt einem stabilen Zustand ein Extremwert in dem Schema der Abzählung gleichberechtigter Fälle; doch ist nunmehr letztlich Stabilität auf einen Hauptsatz der mathematischen Statistik zurückgeführt. Nach diesem sind nennenswert in den Meßbereich fallende Abweichungen vom Gleichgewichtszustand zwar denkbar, aber ihr Auftreten innerhalb irdischer Zeiträume äußerst unwahrscheinlich. Die auf dieser Basis gegründeten statistischen Gesetzmäßigkeiten sind nicht weniger wahr als die kausalen physikalischen Gesetze, was die Richtigkeit der aus ihnen erschlossenen Folgerungen anlangt. Durch die statistische Deutung wird Stabilität anschaulich und elementar. Es erscheint beinahe selbstverständlich, daß ein abgeschlossenes System von selbst einem stabilen Zustand zustrebt und bei kleinen Störungen wieder in denselben zurückkehrt, eben weil ein stabiler Zustand zugleich der wahrscheinlichste ist. Diese begriffliche Vereinfachung von Stabilität hat freilich nicht zur Folge, daß hierdurch auch die effektive Berechnung stabiler Zustände erleichtert würde. Hier erweisen sich die analytischen Methoden den statistischen nach wie vor als weit überlegen. Immer wieder fasziniert uns an Wahrscheinlichkeit ihre Relation zur Freiheit auf der einen und Notwendigkeit auf der anderen Seite. Die statistische Deutung der Stabilität in Massenerscheinungen führt natürlich weit über den physikalischen Problemkreis um den zweiten Hauptsatz hinaus. Sie bildet eine der Hauptsäulen der Selektionstheorie und der modernen Auffassung über die Evolution. Während freilich bei den physikalischen Deutungen der statistischen Stabilität immer ein an Gewißheit grenzender Sicherheitsgrad vorliegt, sind die rein wahrscheinlichkeitstheoretischen Schlußweisen in der Evolutionstheorie hiervon ohne weiteren Erkenntniszuwachs noch weit entfernt.

Bisher haben wir Beispiele für Stabilität von Systemen im Gleichgewicht betrachtet, die sich makrophysikalisch im Ruhezustand befinden. Besonderes mathematisches wie praktisches Interesse verdient die Störung der Stabilität bei Strömungszuständen. Aus diesem Problemkreis greifen wir drei typische Beispiele heraus. Als erstes betrachten wir die Störung einer instationären Strömung einer zähen, inkompressiblen Flüssigkeit in einem räumlichen Gebiet G mit den Geschwindigkeitsvektoren $\boldsymbol{v}(v_1, v_2, v_3)$ für die Grundströmung, $\boldsymbol{u}(u_1, u_2, u_3)$ für die Störströmung, also $\boldsymbol{v}' = \boldsymbol{v} + \boldsymbol{u}$ für die gestörte Strömung sowie der Randbedingung $\boldsymbol{u} = 0$ längs ∂G (Rand von G). Das Stabilitätskriterium von J. Serrin für instationäre Probleme [37] resultiert aus der Abschätzung der kinetischen Energie $K(t)$ der Störströmung $\boldsymbol{u}$. Auf Grund der inkompressiblen, instationären Navier-Stokesschen Bewegungsgleichungen gelten die Beziehungen

$$\frac{\mathrm{d}K}{\mathrm{d}t} = -\int_G (d_{ik}u_iu_k + u_{i,k}u_{i,k})\,\mathrm{d}x_1\,\mathrm{d}x_2\,\mathrm{d}x_3,^{1)}$$

$$\frac{\mathrm{d}K}{\mathrm{d}t} = \int_G (u_iu_{i,k}v_k - u_{i,k}u_{i,k})\,\mathrm{d}x_1\,\mathrm{d}x_2\,\mathrm{d}x_3,$$

ν = kinematische Zähigkeit,

$$u_{i,k} = \frac{\partial u_i}{\partial x_k}; \quad d_{ik} = 1/2\left(\frac{\partial v_i}{\partial x_k} + \frac{\partial v_k}{\partial x_i}\right) = \text{Deformationsmatrix},$$

und hieraus folgen nach J. Serrin

$$K(t) \leqq K(0) \exp 2(m - \alpha\nu^2)\, d^2 t, \qquad t \geqq 0,$$
$$K(t) \leqq K(0) \exp 2(V^2 - \alpha\nu^2/d^2)\, t/\nu$$

[1]) Über doppelt auftretende Indizes wird wie üblich summiert.

d. h., es liegt Stabilität vor: $K(t) \to 0$ für $t \to \infty$, wenn

$$md^2/\nu < \alpha \quad \text{oder} \quad V\,d/\nu < \sqrt{\alpha} \quad \text{zutrifft.}$$

Hierbei bedeuten: d = maximaler Durchmesser von G; $V = \max |\boldsymbol{v}|$ und $-m$ = Schranke für den kleinsten Eigenwert von (d_{ik}). Die obigen Formeln gelten unter gewissen natürlichen Einschränkungen auch für unendliche Gebiete G, [25, 38]. Die wichtige Stabilitätskonstante α gewinnt man aus dem Variationsproblem

$$\alpha = d^2 \inf \int_G u_{i,k} u_{i,k}\, dx_1\, dx_2\, dx_3 \Big/ \int_G u_i u_i\, dx_1\, dx_2\, dx_3$$

unter den Nebenbedingungen: $\operatorname{div} \boldsymbol{u} = 0$; $\boldsymbol{u} = 0$ längs ∂G. Interessante Abschätzungen von α werden in Anschluß an [36, 37] in [38] angegeben.

Wir gehen jetzt kurz auf zwei stationäre Strömungsprobleme ein, deren mathematische Aufklärung in wichtigen Details erst in den letzten Jahren gelungen ist. Es handelt sich hier einmal um die sogenannte TAYLORsche Strömung einer zähen inkompressiblen Flüssigkeit zwischen zwei rotierenden, koaxialen Zylindern, zum anderen um das das sogenannte BÉNARD-Problem, wobei eine anfangs ruhende Flüssigkeitsschicht von unten in der Grundebene erwärmt wird. Bei dem TAYLORschen Versuch mit festem äußerem Zylinder und rotierendem innerem Zylinder wird die Grundströmung beim Überschreiten einer kritischen Drehzahl des inneren Zylinders instabil. Es stellt sich nach einiger Zeit ein neuer stationärer Endzustand ein, der sich in der Form von torusförmigen Wirbelströmungen vollzieht. Im zweiten Beispiel, der am horizontalen Flüssigkeitsboden erwärmten Flüssigkeit, setzt nach Überschreiten eines kritischen Parameters, in welchen die Temperaturdifferenz zwischen Boden und Oberfläche eingeht, eine thermische Konvektionsströmung ein, die zu einem stationären Endzustand in Form einer Zelleneinteilung der Flüssigkeit, der sogenannten BÉNARD-Zellen, führt. Dieselben Phänomene ergeben sich auch unter verallgemeinerten Bedingungen, etwa bei durch kleine Wärmepole erregten Konvektionsströmungen über beliebigen Gebieten. Die genannten Erscheinungen führen, wie im Falle der Mechanik, auf nichtlineare Eigenwertprobleme, deren Lösungszweige die beschriebenen, beim Überschreiten der Stabilitätsgrenze entstehenden, neuen Strukturen im Strömungsverlauf definieren. Unterhalb der Stabilitätsgrenze klingt jede kleine Störung in der Flüssigkeit von selbst wieder ab. Das wird u. a. in [25] gezeigt, wo das Stabilitätskriterium von J. SERRIN auf zähe Flüssigkeitsströmungen bei Berücksichtigung von Wärmekonvektion übertragen wird. E. ZEIDLER hat einen durchsichtigen Beweis zum BÉNARD-Problem gefunden, der frühere Beweise in der Literatur vereinfacht und auch die Eindeutigkeit der Lösung beinhaltet [44]. Die Lösung des BÉNARD-Problems für Gase statt Flüssigkeiten ist bisher noch nicht gelungen. Man beobachtet hier die analogen Erscheinungen. Die plötzliche Aufteilung der Flüssigkeit oder eines Gases in Zellen gleichen dynamischen Verhaltens bei den BÉNARD-Erscheinungen kann man, wie I. PRIGOGINE und P. GLANSDORFF feststellen, als eine Form von Selbstorganisation der Gas- oder Flüssigkeitsmoleküle nach Überschreiten der Stabilitätsgrenze deuten. Vom Standpunkt der statistischen Physik aus ist es schwer verständlich, warum der makrophysikalisch im Ruhezustand befindliche Molekülverband plötzlich eine Zeilenstruktur einnehmen soll und sich damit einer gänzlich neuen statistischen Abzählvorschrift der einzelnen Energieniveaus unterzieht. Zwar kennt man schon seit langem in der Atomphysik verschiedene Statistiken, die BOLTZMANN-, BOSE- und FERMI-Statistik, die jeweils für einen bestimmten Teilchentyp gültig sind. Hier handelt es sich aber um dieselben Teilchen, welche sich in eine räumlich scharf fixierte Zeilenstruktur einordnen. Vom Standpunkt der Mikrophysik erscheint die geheimnisvolle, plötzlich einsetzende Selbstorganisation der Moleküle als ein Mysterium. Die statistische Physik kann uns offenbar hier nicht weiterführen. Wenn man die zwei genannten Beispiele, das BÉNARD-Problem, TAYLOR-Problem und ebenso die weiteren Erscheinungen dieses Typs jedoch vom Standpunkt der Makrophysik aus betrachtet, erscheinen sie als klar definierte mathematische Probleme, für welche wir in Gestalt der nichtlinearen Eigenwerttheorie einen angemessenen mathematischen Zugang besitzen. Beim BÉNARD-Problem z. B. hat der lineare Teil dieses Eigenproblems, bestehend aus der Wärmeleitungsgleichung und den linearisierten, stationären NAVIER-STOKESschen Differentialgleichungen, unter den gegebenen Bedingungen für gewisse zylindrische Gebiete, die BÉNARD-Zellen, einen kleinsten, einfachen Eigenwert (kritische RAYLEIGH-Zahl), in den direkt die Temperaturdifferenz zwischen Boden und Flüssigkeitsoberfläche eingeht. Wird diese kritische RAYLEIGH-Zahl überschritten, dann bildet sich über jeder Zelle der durch den Lösungszweig des genannten nichtlinearen Eigenwertproblems beschriebene Strömungszustand aus. Welche unter den hiernach möglichen Zellenstrukturen tatsächlich auftreten, hängt noch von anderen Einflüssen ab wie der Form des Flüssigkeitsbehälters und der Oberflächenspannung der Flüssigkeit, [28, 15, 16, 17, 18]. Stabilitätsprobleme des BÉNARD-Typs scheinen für eine größere Klasse von Strukturphänomenen in Flüssigkeiten unter verschiedenen Niveauzuständen charakteristisch, wie sie etwa bei flüssigen Kristallen auftreten. Die mathematischen Schwierigkeiten bei der Lösung derartiger Aufgaben dürfen freilich nicht übersehen werden; es ist sehr kompliziert, die der BÉNARD-Zellenbildung zugrundeliegenden, charakteristischen Eigenschaften des entsprechenden linearen Eigenwertproblems in den einzelnenFällen streng nachzuweisen.

Die Übergänge von einem Stabilitätsniveau in das nächsttiefere oder nächsthöhere lassen sich in der nichtlinearen Thermodynamik, was den mathematischen Zugang anlangt, mit den analogen Erscheinungen der nichtlinearen Elastizitätstheorie vergleichen. Die Zusammenhänge dieser Erscheinungen mit nichtlinearen Eigenwertaufgaben werden auch in dem Buch von P. GLANSDORFF und J. PRIGOGINE [14] betont.

Die naturwissenschaftlich-technischen Anwendungen der Stabilitätstheorie sind darauf ausgerichtet, Stabilität zu erhalten und Maschinen, Bauwerke, wissenschaftliche Versuchsanordnungen vor Instabilitäten zu schützen. Im natürlichen Ablauf dagegen dominiert ein Wechselspiel zwischen Stabilität und Instabilität. Das gilt für alle Bereiche.

Die aufregende Suche nach den kleinsten Bausteinen der Natur, die heutzutage in den riesigen Anlagen der Hochenergiephysik zur Entdeckung immer neuer Elementarteilchen geführt hat, stellt den imposanten Versuch dar, in dieses Wechselspiel kleinster Bausteine einzugreifen. Eine zukünftige mathematische Theorie der Elementarteilchen kann nicht an der Dualität zwischen Stabilität und Instabilität vorbeigehen.

Während die makrophysikalischen, mechanischen Instabilitäten im allgemeinen zur Zerstörung oder Auflösung der betroffenen Strukturen ohne erkennbaren Wesenszusammenhang führen, können aus molekularen und makromolekularen Zuständen im Bereich elektrodynamisch, hydrodynamisch-thermodynamischen Instabilitäten aus diesem Wechselspiel neuartige Strukturen entstehen. Dies geschieht weitab von Gleichgewicht entlang der bereits genannten Lösungsverzweigungen, die von einem stationären Niveau an Energie oder Entropie oder eines anderen Potentials ihren Anfang nehmen. Sicher spielen diese Phänomene in der Entwicklung von Strukturen und damit in der Evolution eine beträchtliche Rolle. Im Reich der Chemie bildet die quantitative mathematische Berechnung der chemischen Bindungen und Reaktionen zugrundeliegenden Stabilitätsphänomene trotz enorm gesteigerter Rechen- und Simulierungstechnik nach wie vor ein weitgehend unzugängliches Gebiet. Zweifellos liegt hier, unabhängig davon, ob und wann hier Fortschritte erzielt werden, ein Schlüssel zu einer tieferen Einsicht in die Wirkungsmechanismen des Mikrokosmos hin bis zu einem besseren Verständnis des relativ einheitlichen Aufbaus der Eiweißmoleküle in der lebenden Zelle aus einer relativ kleinen Zahl von Baukomponenten.

Wir waren am Anfang von der Stabilität ausgegangen und fanden, daß in der Mathematik Stabilität mit Optimalität in Zusammenhang gebracht wird, gleichviel, ob wir diesen Begriff analytisch oder wahrscheinlichkeitstheoretisch zu erfassen suchen. Betrachten wir aber das Wechselspiel zwischen Stabilität und Instabilität im natürlichen Ablauf, so zeigen gerade die letzten Erscheinungen, daß wir von einer höheren Ebene aus sagen können, Stabilität bestimmt das Sein und Instabilität das Werden!

LITERATUR

[1] H. BECKERT, Über eine neue Existenztheorie in der nichtlinearen Elastizitätstheorie. Beiträge zur Analysis, Tagungsbd., Kühlungsborn 1973.

[2] —, Zur ersten Randwertaufgabe der nichtlinearen Elastizitätstheorie. ZAMM **55** (1975) 47—58.

[3] —, Über die zweite und dritte Randwertaufgabe in der nichtlinearen Hyperelastizitätstheorie. ZAMM 57 (1977) 1953—1964

[4] —, Die mathematische Beschreibung endlicher Deformationen bei der dritten Randwertaufgabe. Wiss. Zeitschrift KMU Leipzig (1976) 1, S. 1—10.

[5] —, Zur Steuerung der Stabilität in elastischen Körpern. ZAMM **52** (1972) 617—622.

[6] —, On the control of stability in nonlinear mechanics. Mathematical Control Theory Banach Center Publications, Warschau, Vol. 1 (1976), S. 17—23.

[7] —, Einige Bemerkungen zur lokalen Existenztheorie in der mehrdimensionalen Variationsrechnung. Beiträge zur Analysis **6** (1974) 17—23.

[8] —, Nichtlineare Variationsrechnung und Stabilitätstheorie. Math. Nachr. **75** (1976) (Erhard Schmidt-Band) 47—59.

[9] S. CHANDRASEKHAR, Hydrodynamic und Hydromagnetic Stability. Oxford 1961.

[10] M. G. CRANDALL, P. H. RABINOWITZ, Bifurcation, perturbation of simple eigenvalues, and linearized stability. Arch. Rat. Mech. Anal. **52** (1973) 161—180.

[11] P. FIFE, D. JOSEPH, Existence of convective solutions of the generalized Bénard problem, which are analytic in their norm. Arch. Rat. Mech. Anal. 1969 (33) 116 to 138.

[12] P. FIFE, The Bénard problem for general fluid dynamical equations and remarks on the Boussinesq approximation. Math. J. **20** (1970) 303—326.

[13] H. GÖRTLER, Über eine dreidimensionale Instabilität laminarer Grenzschichten an konkaven Wänden. Nachr. Ges. Wiss. Göttingen (1940), Fachqr. I, Neue Folge 2,1.

[14] P. GLANSDORFF, I. PRIGOGINE, Thermodynamic Theory of Structure, Stability and Fluctuations. Wiley-Interscience 1971.

[15] W. I. JUDOWITSCH, Ein Beispiel für die Entstehung einer zweiten stationären oder periodischen Strömung unter Verlust der Stabilität. Prikl. Mat. Mech. **29** (1965) 453—467 (russ.).

[16] —, Freie Konvektion und Verzweigung. Prikl. Mat. Mech. **31** (1967) 101—11[illegible] (russ.).

[17] —, Die Stabilität von Konvektionsströmungen. Prikl. Mat. Mech. **31** (1967) 272 to 281 (russ.).

[18] —, Ein Beispiel für Stabilitätsverlust und die Erzeugung einer sekundären Be

wegung einer Flüssigkeit in einem abgeschlossenen Behälter. Mat. Sbornik 74 (1967) 565–579 (russ.).

[19] —, Über die Stabilität erzwungener Schwingungen einer Flüssigkeit. Dokl. ANSSSR **195**, 2 (1970) 292–295 (russ.).

[20] K. KIRCHGÄSSNER, Instabilität der Strömung zwischen zwei rotierenden Zylindern. ZAMP **12** (1961) 14–29.

[21] —, Verzweigungslösungen eines stationären hydrodynamischen Randwertproblems. Habilitationsschrift 1966 Freiburg.

[22] K. KIRCHGÄSSNER, P. SORGEZ, Branching analysis for the Taylor-Problem. Quart. I. Mech. Appl. Math. **22** (1969) 183–209.

[23] R. I. KNOPS, E. W. WILKES, Theory of Elastic Stability. Handb. d. Physik, Vol. VI a/3, Springer-Verlag, Berlin 1973.

[24] W. T. KOTZER, Thermodynamics of Elastic Stability. Proc. Fourth Canad. Congress Appl. Mechanics 1973.

[25] D. D. JOSEPH, On the stability of the Boussinesq equations. Arch. Rat. Mech. Anal. **20** (1965) 59–71.

[26] W. MALKUS, G. VERONIS, Finiteamplitude cellular convection. I. Fluid Mech. **4** (1958) 225–260.

[27] E. MIERSEMANN, Verzweigungsprobleme für Variationsungleichungen. Math. Nachr. **65** (1975) 187–209.

[28] —, Verzweigungsprobleme für Variationsungleichungen mit einer Anwendung auf die Platte. Beiträge zur Analysis **9** (1976) 65–70.

[29] P. RABINOWITZ, Existence and nonuniqueness of rectangular solutions of the Bénard-Problem. Arch. Rat. Mech. Anal. **29** (1968) 32–57.

[30] L. A. SEGEL, T. STUART, On the question of the preferred mode in cellular thermal convection. I. Fluid Mech. **13** (1962) 289–306.

[31] P. SORGER, Über ein Variationsproblem aus der nichtlinearen Stabilitätstheorie zäher inkompressibler Flüssigkeiten. ZAMP **17** (1966) 201–216.

[32] E. SPARROW, R. GOLDSTEIN, V. JONSSEN, Thermal instability in a horizontal fluid layer. I. Fluid. Mech. **18** (1964) 513–528.

[33] C. L. SIEGEL, Vorlesungen über Himmelsmechanik. Grundl. d. Math. Wiss., Bd. 85, Springer-Verlag, Berlin 1956.

[34] D. H. SATTINGER, Topics in stability and bifurcation theory. Lecture Notes 309, Springer-Verlag, Berlin-Heidelberg-New York 1973.

[35] C. TRUESDELL, W. NOLL, The Non-linear Field Theories of Mechanics. Handb. d. Physik, Vol. III/3, Springer-Verlag, Berlin 1965.

[36] I. SERRIN, Mathematical Principles of Classical Fluid Mechanics. Handb. d. Physik, Vol. VIII/1, Springer-Verlag, Berlin-Göttingen-Heidelberg, 1959.

[37] —, Oh the stability of viscous fluid motions. Arch. Rat. Mech. Anal. **3** (1959) 1–13.

[38] W. VELTE, Über ein Stabilitätskriterium der Hydrodynamik. Arch. Rat. Mech. Anal. **9** (1962) 9–20.

[39] —, Zur Stabilität der Strömung in einem horizontalen Rohr bei ungleichmäßig erwärmter Wand. ZAMP **13** (1962) 591–600.

[40] —, Stabilitätsverhalten und Verzweigung stationärer Lösungen der Navier-Stokesschen Gleichungen beim Taylor-Problem. Arch. Tat. Mech. Anal. **22** (1966) 1–14.

[41] —, Konvexität der Eigenkurven beim Bénardschen Problem. ZAMP **20** (1969) 636—641.
[42] R. L. SANI, On the non-existence of subcritical instabilities in fluid layers heated from below. I. Fluid Mech. **20** (1964) 315—319.
[43] E. TREFFTZ, Zur Theorie der Stabilität des elastischen Gleichgewichts. ZAMM **13** (1933) 160—165.
[44] E. ZEIDLER, Zur Verzweigungstheorie und zur Stabilitätstheorie der Navier-Stokesschen Gleichungen. Math. Nachr. **52** (1972) 167—205.
[45] —, Vorlesungen über nichtlineare Funktionalanalysis I, Fixpunktsätze. Teubner Texte, Leipzig 1976.
[46] V. I. ZUBOV, Methods of A. M. Yapunov and Their Application. P. Noordhoff, Groningen 1964.

Band 110

Heft 1 Prof. Dr. h. c. PAUL GÖRLICH, Über die Laser und ihre Anwendung
1972. 24 Seiten – 8° – M 2,30 (*vergriffen*)

Heft 2 Prof. Dr. HASSO ESSBACH, Zum Problem der Tumoren im Kindesalter
1972. 24 Seiten – 11 Abbildungen auf 10 Kunstdrucktafeln – 8° – M 6,–

Heft 3 Prof. Dr. med. WALTER BREDNOW, Zur Anthropologie des Schwindels
1973. 17 Seiten – 2 Abbildungen auf 2 Kunstdrucktafeln – 8° – M 2,50

Heft 4 Prof. Dr. Dr. h. c. PAUL GÖRLICH, Betrachtungen über den Wissenschaftlichen Gerätebau
1972. 39 Seiten – 8° – M 3,–

Heft 5 Prof. Dr. ERICH RAMMLER, Einige Betrachtungen über Erdgas
1974. 43 Seiten – 8 Abbildungen – 3 Tabellen – 8° – M 4,50

Heft 6 Prof. Dr. GUSTAV E. R. SCHULZE, Zur Rolle des Einfachheitsprinzips im physikalischen Weltbild
1974. 23 Seiten – 4 Abbildungen – 8° – M 2,50

Heft 7 Prof. Dr. med. ROLF EMMRICH, Zwischen Leben und Tod. Ärztliche Probleme der Thanatologie
1974. 22 Seiten – 2 Abbildungen – 4 Tabellen – 8° – M 3,50

Band 111

Heft 1 Prof. Dr. WILHELM MAIER, Vom Erbe Bernhard Riemanns 1975. 16 Seiten – 8° – M 2,50

Heft 2 Prof. Dr. med. HANS DRISCHEL, Organismus und geophysikalische Umwelt
1975. 50 Seiten – 25 Abbildungen – 1 Tabelle – 8° – M 7,–

Heft 3 Prof. Dr. MARIA HASSE, Zum Begriff des allgemeinen Produkts von Kategorien
1975. 32 Seiten – 8° – M 5,–

Heft 4 Prof. Dr.-Ing. Dr. h. c. KURT SCHWABE, Analytische Probleme des Umweltschutzes
1975. 28 Seiten – 9 Abbildungen – 2 Tabellen – 8° – M 3,50

Heft 5 Prof. Dr. WOLFGANG BUCHHEIM, Die kopernikanische Wende und die Gravitation
1975. 36 Seiten – 2 Farbtafeln – 8° – M 5,–

Heft 6 Prof. Dr. HERMANN BERG, Photopolarographie und Photodynamie
1975. 19 Seiten – 2 Abbildungen – 2 Tabellen – 8° – M 3,–

Heft 7 Prof. Dr. MANFRED GERSCH, Probleme der Insektizide aus heutiger Sicht
1975. 36 Seiten – 9 Abbildungen – 2 Tabellen – 8° – M 4,–

Band 112

Heft 1 Prof. Dr. WALTER BREDNOW, Spiegel, Doppelspiegel und Spiegelungen – eine „wunderliche Symbolik“ Goethes 1975. 28 Seiten – 4 Abbildungen – 8° – M 3,–

Heft 2 Prof. Dr. ARTUR LÖSCHE, Über negative absolute Temperaturen
1976. 26 Seiten – 12 Abbildungen – 8° – M 4,–

Heft 3 Prof. Dr. med. HERBERT JORDAN, Kurorttherapie: Prinzip und Probleme
1976. 31 Seiten – 10 Abbildungen – 8° – M 4,50

Heft 4 Prof. Dr. FRIEDRICH WOLF / Dr PETER FRÖHLICH, Zur Druckabhängigkeit von Ionenaustauschreaktionen 1977. 13 Seiten – 6 Abbildungen – 1 Tabelle – 8° – M 2,–

Heft 5 Prof. Dr. DIETRICH UHLMANN, Möglichkeiten und Grenzen einer Regenerierung geschädigter Ökosysteme 1977. 50 Seiten – 20 Abbildungen – 2 Tabellen – 8° – M 6,50

Heft 6 Prof. Dr. ERICH RAMMLER, Zwei Jahrzehnte Entwicklung des Einsatzes der Energieträger Kohle und Erdöl im Weltmaßstab 1977. 29 Seiten – 6 Abbildungen – 4 Tabellen – 8° – M 4,–

Heft 7 Prof. Dr. ULRICH FREIMUTH, Umweltprobleme in der Ernährung
1977. 32 Seiten – 3 Abbildungen – 4 Tabellen – 8° – M 4,–

Band 113

Heft 1 Prof. Dr. ERICH LANGE. Allgemeingültige Veranschaulichung des II. Hauptsatzes (*In Vorbereitung*)

Heft 2 Prof. Dr. HERBERT BECKERT, Bemerkungen zur Theorie der Stabilität (*Vorliegendes Heft*)

Einzel- oder Fortsetzungsbestellungen durch eine Buchhandlung erbeten
Sitzungsberichte bis Band 106
durch das Zentralantiquariat der Deutschen Demokratischen Republik, Leipzig,
ab Band 107 durch den Akademie-Verlag, Berlin, zum Teil noch lieferbar

AKADEMIE-VERLAG
DDR-108 Berlin, Leipziger Str. 3–4

MIX
Papier | Fördert gute Waldnutzung
FSC® C083411

Zeitfracht Medien GmbH
Ferdinand-Jühlke-Straße 7
99095 Erfurt, Deutschland
produktsicherheit@kolibri360.de